Gabriela Schenkel-Pagnotti

Perlen

Zauberhafte Dekorationsideen

ENGLISCH VERLAG

Die Deutsche Bibliothek – CIP-Einheitsaufnahme
Perlen: Zauberhafte Dekorationsideen / Gabriela Schenkel-Pagnotti. – Wiesbaden: Englisch, 1999
ISBN 3-8241-0883-6

ISBN 3-8241-0883-6

Titelbild: Frank Schuppelius; Fotos: Susanna Héraucourt-Multer
Herstellung: Michael Feuerer
Printed in Spain

Inhaltsverzeichnis

Vorwort

Mit glitzernden Perlen lassen sich spielend leicht kleine Kunstwerke schaffen. Nur mit Hilfe einer Nähnadel und Nähgarn werden Rocaille- und Stiftperlen aufgefädelt und nach genauen, leicht nachvollziehbaren Anleitungen zusammengenäht. Die so entstandenen Perlennetze schmücken Kugeln, Rauten, Herzen und Tropfen aus Glas oder Styropor. Sie können aber auch kleine Spanschachteln bemalen und mit farbig passenden Perlenmustern verzieren. Diese zauberhaften Dekorationen lassen sich als Fenster-, Wand- oder Raumschmuck verwenden oder an den Osterstrauch und Weihnachtsbaum hängen.

Dieser dekorative Wohnschmuck aus Rocailleperlen wird Ihnen nicht nur die Bewunderung Ihrer Gäste eintragen, mit einer hübschen Kugel oder einem kleinen Perlenei als Geschenk werden Sie sicherlich jedem eine Freude bereiten.

Viel Spaß beim Nacharbeiten der Perlendekorationen wünscht

Gabriela Schenkel-Pagnotti

Material und Werkzeug

Folgendes Material und Werkzeug benötigen Sie zum Arbeiten der vorgestellten Perlendekorationen:

- Watte- oder Styroporformen wie z. B. Kugeln, Eier, Zapfen, Herzen, Scheiben, etc.
- kleine Spanschachteln
- Plastik- oder Glaskugeln
- Acrylfarbe (z. B. Perlacrylfarbe)
- Rocailleperlen, 2,6 mm Ø
- Stabperlen, 2,0 mm Ø, 5 und 9 mm lang
- Perlennadel
- Spezialseide zum Perlennähen (Perlonfaden, Stärke 0,35 mm)
- kurze Stecknadeln (Markierungsnadeln)
- Federn und andere Accessoires
- Draht
- Schleifenband
- Klebstoff oder Weißleim
- Stricknadel

Perlen

Im Fachhandel sind unterschiedliche Größen von Rocaille-Perlen erhältlich. Ich habe zum Nähen der Arbeiten Rocaille-Perlen mit einem Durchmesser von 2,6 mm verwendet. Verwenden Sie möglichst Perlen von einem Hersteller, jedoch können auch innerhalb einer Herstellermarke die Größen unterschiedlich sein. Dies können Sie ausgleichen, indem Sie gegen Ende einer Runde eine Perle weglassen oder eine Perle hinzunehmen.
Die Vielfalt der Rocailleperlen ist groß. Es gibt transparente Perlen, Perlen mit Metallic-Effekten und opake (undurchsichtige) Perlen.

Stiftperlen, auch Glasstifte genannt, sind dünne, röhrenförmige Perlen. In der Regel werden sie mit einem Durchmesser von 2 mm angeboten. Für die vorgestellten Motive wurden Stiftperlen mit einer Länge von 5 und 9 mm verwendet.
Rocailleperlen und Stiftperlen sind in kleinen Päckchen oder Dosen mit Grammangaben abgepackt (1 Gramm sind ca. 54 Perlen). In den Anleitungen gebe ich die ungefähre Anzahl der Perlen in Grammzahlen an. In der Regel enthält eine Dose 20 g Rocailleperlen bzw. 10 g Stiftperlen. Somit können Sie in etwa den Bedarf an Perlen und folglich Ihren Einkauf einschätzen.

Grundsätzliches

Bevor Sie mit dem Perlennähen beginnen, sollten Sie die jeweilige Watte- oder Styroporform mit Acrylfarbe bemalen und trocknen lassen. Besonders schön sind hierfür Perlacrylfarben. Sie können aber auch die Formen unbemalt mit Perlen verzieren.
Nehmen Sie einen Faden in ausreichender Länge, fädeln Sie ihn in eine Nadel und fädeln Sie mit dieser Nadel die Perlen auf. Achten Sie beim Nähen immer darauf, dass Sie in derselben Richtung nähen, also z. B. von links nach rechts. Eine Arbeit wird begonnen, indem z. B. 12 Perlen aufgefädelt und dann zu einer Runde geschlossen werden. Hierfür werden die Fadenenden 3-mal verknotet.

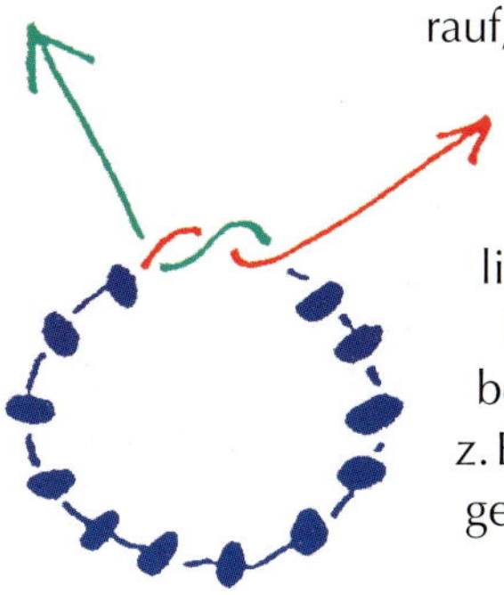

Achten Sie darauf, dass der Knoten immer genau an der Perle zu liegen kommt, ansonsten sind die Perlen zu locker aufgefädelt. Mit dem langen Fadenende wird nun weitergefädelt bzw. genäht.
In der 2. Reihe wird eine Perle des Perlenrings aufgenommen, anschließend die entsprechende Anzahl Perlen aufgefädelt, und dann die nächste angegebene Perle aufgefasst.

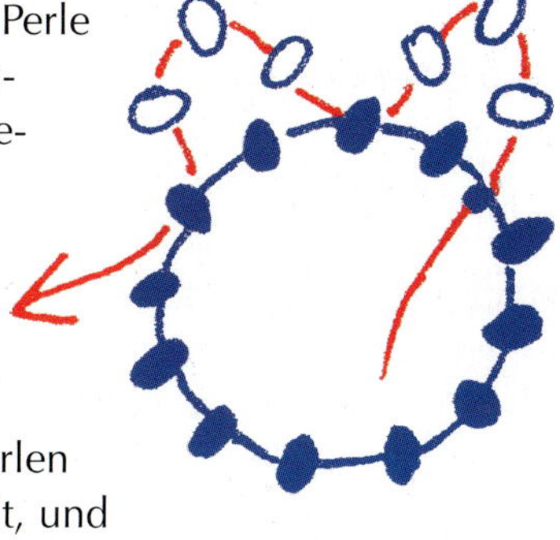

Bei den Anleitungen wird immer ein Musterrapport für jede Runde beschrieben, z. B. die dritte Perle auffassen und 5 Perlen auffädeln, usw. Dies wird sooft fortgeführt, bis Sie am Ende der Runde angekommen sind. Am Ende einer Runde wird nochmals die erste Perle aufgefasst und durch die Perlen zum neuen Rundenanfang gestochen. In den nächsten Runden wird immer eine Perle eines Bogens der Vorrunde aufgefasst, dann werden Perlen aufgefädelt und wieder eine Perle des nächsten Bogens aufgefasst.

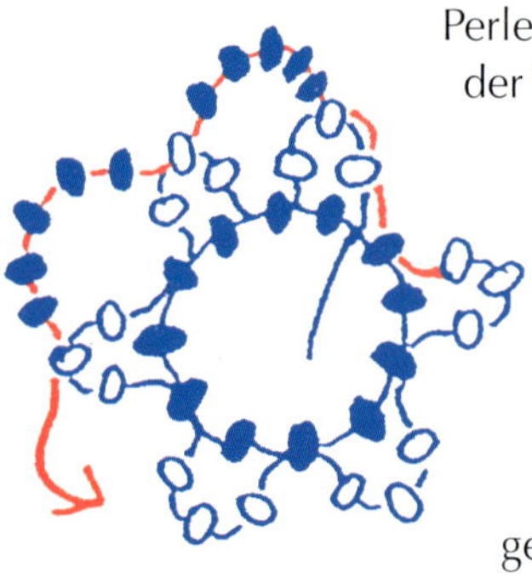

Fassen Sie auch hier am Schluss der Runde die erste Perle des ersten Bogens auf und führen Sie den Faden durch die Perlen zu einem neuen Runden-anfang.

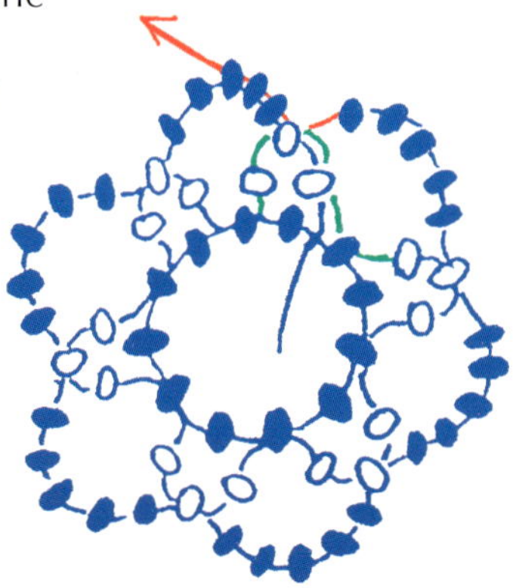

Sollte der Faden, mit dem Sie nähen, zu kurz sein, können Sie einen neuen Faden anstückeln, indem Sie die Fadenenden dreimal miteinander verknoten. Achten Sie auch hier darauf, dass der Knoten immer genau an der letzten Perle liegt, ansonsten sind die Perlen zu locker aufgefädelt.

Zum Schluss wird der Faden vernäht. Lassen Sie zum Vernähen einen ca. 10 bis 15 cm langen Faden übrig. Führen Sie den Faden mit der Nadel durch eine Perlenreihe, machen Sie anschließend einen Schlingenstich (siehe Zeichnung) und fädeln Sie den Faden dann wieder durch einige Perlen hindurch. So ist Ihre Arbeit gesichert und der Faden nicht mehr zu sehen.

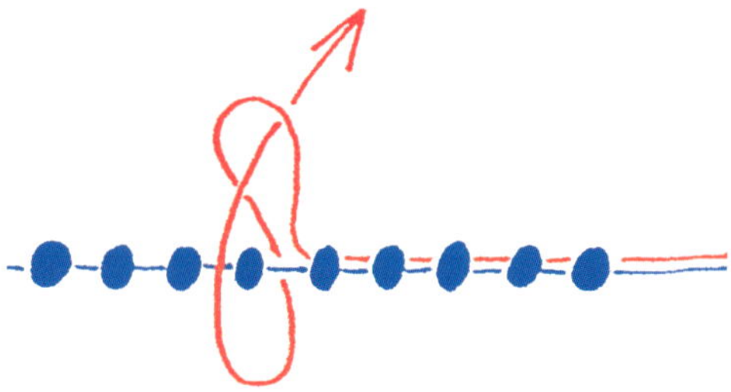

Um das Perlengeflecht auf die Form zu stecken, verwendet man kurze Stecknadeln. Zuletzt werden die Schleifenbänder und Accessoires an den Perlenkugeln befestigt. Bei der Länge der Bänder müssen Sie sich nicht an die Angaben halten, je nachdem, wo Sie die Dekorationen aufhängen wollen, benötigen Sie manchmal ein längeres oder ein kürzeres Band. Sie können die Kugeln aber auch an einem dünnen Faden aufhängen und die Schleifenbänder als Accessoire herunter hängen lassen.

Falls in den Formen kein Loch zum Aufhängen vorhanden ist, stechen Sie am Schluss mit einer Metallstricknadel ein ca. 3 cm tiefes Loch in die Styropor- oder Wattekugel.

Zum Befestigen des Schleifenbandes wird das Ende des Bandes mit einem Draht umwickelt und ein etwa 4 cm langes Stück Draht überstehen gelassen. Nun wird das Loch mit Klebstoff gefüllt, der Draht mit dem Band oder ein anderes Accessoire hineingesteckt und mit der Stricknadel fest in das Loch gedrückt. Nach dem Trocknen des Klebstoffs kann das Objekt aufgehängt werden.

Zauberhafte Perlendekorationen

Kleine Perlenkugel

Material
- Watte- oder Styroporkugel, 4 cm ∅
- Acrylfarbe in Gold
- ca. 6 g Rocailleperlen in Bronze
- ca. 7 g Rocailleperlen in Bernstein
- ca. 6 g Rocailleperlen in Perlmutt
- 35 cm Schleifenband in Gold, 0,6 cm breit
- 20 cm Schleifenband in Olivgrün, 2,4 cm breit

Anleitung

Bemalen Sie die Kugel, bevor Sie mit dem Nähen beginnen, mit goldfarbener Acrylfarbe und lassen Sie sie trocknen. Bei dieser Kugel wechseln immer eine bronzefarbene, eine bernsteinfarbene und eine perlmuttfarbene Runde ab. Für die 1. Runde werden 12 Perlen in Bronze aufgefädelt und zum Ring geschlossen. Verknoten Sie beide Fadenenden 3-mal und fädeln Sie mit einem der Fadenenden weiter. In der 2. Runde wird eine Perle des Perlenrings aufgenommen, dann 3 bernsteinfarbene Perlen aufgefädelt, eine Perle der Vorrunde übergangen und dann die nächste Perle aufgefasst. Fahren Sie so fort, bis Sie die Runde beendet haben und fassen Sie beim ersten Bogen nochmals die erste Perle mit auf. Beginnen Sie die 3. Runde mit perlmuttfarbenen Perlen, indem Sie die zweite Perle des Bogens der Vorrunde auffassen, 5 Perlen auffädeln und wieder die zweite Perle des nächsten Bogens auffassen.

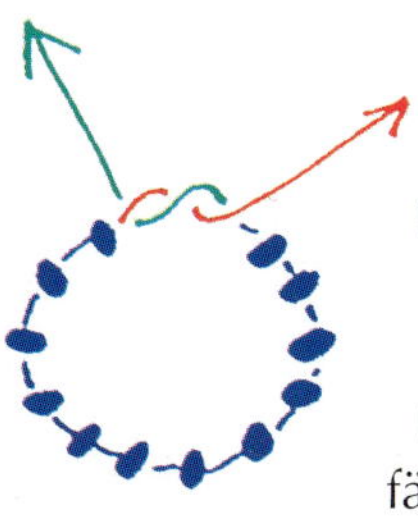

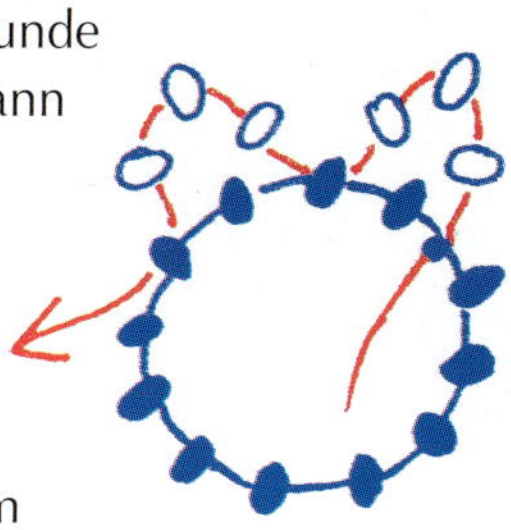

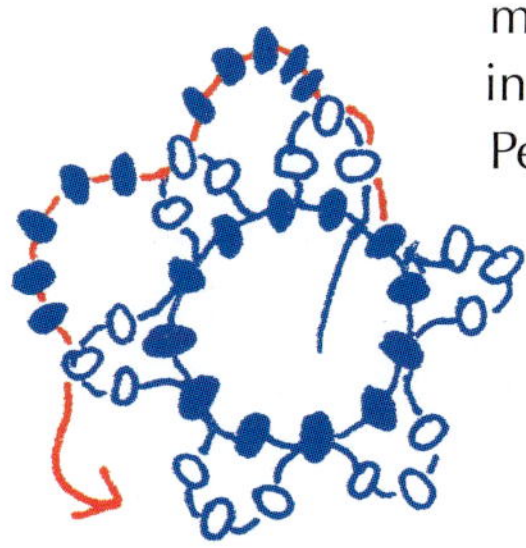

In der 4. Runde wird jeweils die dritte Perle des Bogens der Vorrunde aufgefasst und 5 Perlen aufgefädelt. Nun wird das Perlengeflecht über die Kugel gelegt, mit Stecknadeln festgesteckt und weitergenäht. Fassen Sie in der 5. Runde die zweite Perle eines Bogens auf, fädeln Sie 3 Perlen auf den Faden, erfassen Sie nun mit der Nadel die fünfte Perle desselben Bogens und fädeln Sie 5 weitere Perlen auf. Verfahren Sie ebenso bei den folgenden Bogen. In der 6. und 7. Runde wird jeweils die mittlere Perle des Bogens der Vorrunde aufgefasst und dann

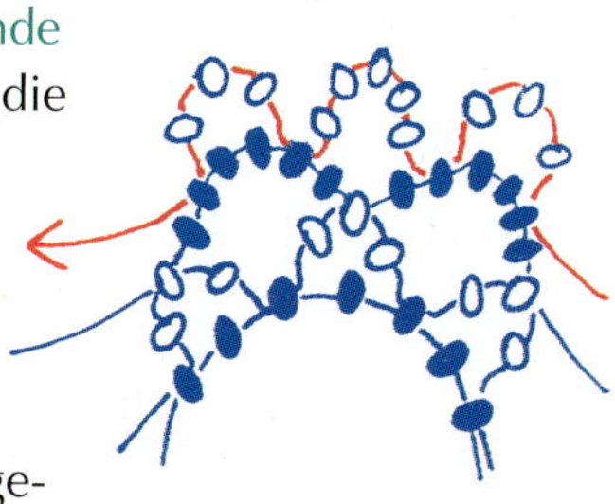

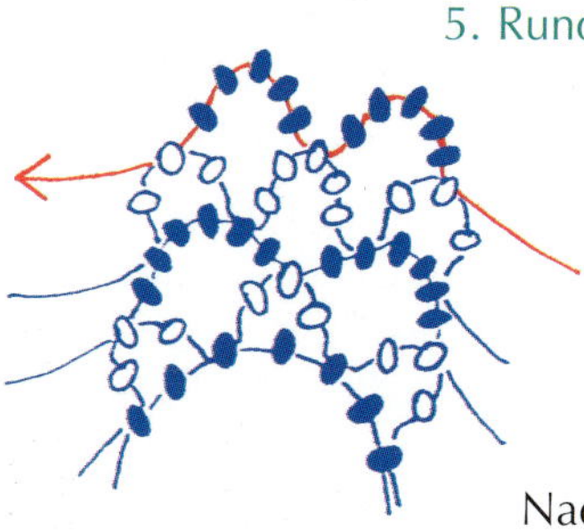

5 Perlen aufgefädelt. Fassen Sie bei der 8. Runde die dritte Perle der Vorrunde auf und fädeln Sie 6 Perlen auf. In der 9. Runde werden die mittleren 2 Perlen des Bogens der Vorrunde aufgefasst und jeweils 5 Perlen aufgefädelt. Die 10. Runde wird wie die 8. Runde gefädelt, die 11. Runde wie die 9. Runde. Fädeln Sie nun 4 Runden erst wie die 8., dann wie die 9. Runde. Für die Runde 16. und 17. wird jeweils die dritte Perle des Bogens der Vorrunde aufgegriffen und 5 Perlen aufgefädelt, in der 18. Runde wird jeweils die dritte Perle jedes Bogens aufgegriffen und 3 Perlen aufgefädelt. Greifen Sie in der 19. Runde die zweite Perle jedes Bogens auf und fädeln Sie 3 Perlen auf den Faden. Für die 20. Runde wird die zweite Perle der Vorrunde eines Bogens aufgegriffen, 3 Perlen aufgefädelt, dann die zweite Perle des nächsten Bogens aufgefasst und eine Perle aufgefädelt. In der letzten Runde wird die zweite Perle der Vorrunde aufgefasst und 3 Perlen aufgefädelt, wobei die einzelne Perle übergangen wird. Vernähen Sie den Faden und kleben Sie das Schleifenband in die Kugel.

Perlenkugel in Türkis

Material

- Watte- oder Styroporkugel, 5 cm Ø
- Acrylfarbe in Türkis
- ca. 7 g Rocailleperlen in Hellgrün
- ca. 7 g Rocailleperlen in Grün
- ca. 7 g Rocailleperlen in Grau
- einige Rocailleperlen in Silber (ca. 3 g)
- 35 cm Schleifenband in Silber, 0,6 cm breit
- 20 cm Schleifenband in Dunkelblau, 2,4 cm breit

Anleitung

Bemalen Sie die Kugel mit türkisfarbener Acrylfarbe und lassen Sie diese trocknen. Bei der Kugel wechseln immer eine graue, eine grüne und eine hellgrüne Runde ab, zudem werden einige silberfarbene Perlen eingefügt. Für die 1. Runde werden 15 graue Perlen aufgefädelt, zum Ring geschlossen und die Fadenenden miteinander verknotet. In der 2. Runde wird eine Perle des Perlenrings aufgenommen, anschließend 5 graue Perlen aufgefädelt, 2 Perlen der Vorrunde übergangen und dann die nächste Perle aufgefasst. Beginnen Sie die 3. Runde mit grünen Perlen, indem Sie die dritte Perle des Bogens der Vorrunde auffassen, 7 Perlen auffädeln und wieder die dritte Perle des nächsten Bogens auffassen. In der 4. Runde wird jeweils die zweite Perle des Bogens der Vorrunde aufgefasst, 5 hellgrüne Perlen aufgefädelt, dann die sechste Perle desselben Bogens aufgefasst und wieder 5 Perlen aufgefädelt. Nun wird das Perlengeflecht über die Kugel gelegt, mit Stecknadeln festgesteckt und weitergenäht. Fassen Sie in der 5. Runde jeweils die dritte Perle eines Bogens auf und fädeln Sie 3 graue, eine silberne und wieder 3 graue Perlen auf den Faden. In der 6. und 7. Runde wird jeweils die vierte Perle des Bogens der Vorrunde aufgefasst und 3 grüne bzw. hellgrüne, eine silberfarbene und wieder 3 grüne bzw. hellgrüne Perlen aufgefädelt. In der 8. Runde wird die vierte Perle eines Bogens aufgefasst und jeweils 4 graue, eine silberfarbene und 4 graue Perlen aufgefädelt. In der 9. Runde wird die fünfte Perle aufgefasst und jeweils 4 grüne, eine silberfarbene und 4 grüne Perlen aufgefädelt. Fassen Sie bei der 10. Runde die fünfte Perle des Bogens der Vorrunde auf und nehmen Sie 5 hellgrüne, eine silberfarbene und 5 hellgrüne Perlen auf. Bei der 11. Runde wird die sechste Perle aufgefasst und 4 Perlen in Grau, eine in Silber und wieder 4 in Grau aufgefädelt. Arbeiten Sie die 12. und 13. Runde wie die 9. Runde, jedoch einmal in Grün und einmal in Grau. In der 14. Runde wird die fünfte Perle der Vorrunde aufgenommen, 3 grüne, eine silberfarbene und wieder 3 grüne aufgefädelt. Die 15. Runde wird wie die 6. Runde mit hellgrünen Perlen gearbeitet. Für die 16. und 17. Runde wird jeweils die mittlere Perle des Bogens der Vorrunde aufgenommen und 2 graue bzw. 2 grüne, eine silberfarbene und wieder 2 graue bzw. 2 grüne Perlen aufgefädelt. In der 18. Runde aus hellgrünen Perlen wird die dritte Perle aufgefasst und 3 Perlen aufgefädelt. Für die 19. Runde fassen Sie die zweite Perle eines Bogens auf, fädeln 3 graue Perlen auf, fassen die zweite Perle des nächsten Bogens und fädeln eine Perle auf. Fahren Sie so fort, bis Sie die Runde abgeschlossen haben. In der letzten Runde wird die zweite Perle aufgefasst und 3 graue Perlen aufgefädelt, wobei die einzelne Perle übergangen wird. Vernähen Sie den Faden und kleben Sie das Schleifenband in die Kugel.

Dekorative Perlenkugel

Material

- Watte- oder Styroporkugel, 6 cm ∅
- Acrylfarbe in Bronze
- ca. 8 g Rocailleperlen in Dunkelgrün
- ca. 8 g Rocailleperlen in Olivgrün
- ca. 8 g Rocailleperlen in Bernstein
- einige Rocailleperlen in Orange (ca. 2 g)
- 48 Stiftperlen in Schwarz, 5 mm lang
- 48 Stiftperlen in Schwarz, 9 mm lang
- 60 cm Schleifenband in Bronze, 0,8 cm breit
- 35 cm Schleifenband in Grün, 2,8 cm breit

Anleitung

Bevor Sie mit dem Nähen beginnen, wird die Kugel mit Acrylfarbe bemalt. Fädeln Sie für die 1. Runde 12 Perlen in Dunkelgrün auf und schließen Sie sie zum Ring (Siehe Anleitung S. 7). In der 2. Runde wird eine Perle des Perlenrings aufgenommen, dann 3 dunkelgrüne Perlen aufgefädelt, eine Perle der Vorrunde übergangen und dann die nächste Perle aufgefasst. Beginnen Sie die 3. Runde mit olivgrünen Perlen, indem Sie die zweite Perle des Bogens der Vorrunde auffassen, 5 Perlen auffädeln und wieder die zweite Perle des nächsten Bogens auffassen. In der 4. Runde wird jeweils die dritte Perle des Bogens der Vorrunde aufgefasst und 6 bernsteinfarbene Perlen aufgefädelt. Fassen Sie in der 5. Runde die zweite Perle eines Bogens auf, fädeln Sie 5 dunkelgrüne Perlen auf den Faden, erfassen Sie nun mit der Nadel die sechste Perle desselben Bogens und fädeln Sie 5 weitere Perlen auf. Verfahren Sie ebenso bei den folgenden Bogen. Nun wird das Perlengeflecht über die Kugel gelegt, mit Stecknadeln festgesteckt und weitergenäht. In der 6. und 7. Runde wird jeweils die dritte Perle des Bogens der Vorrunde aufgefasst und dann 5 Perlen aufgefädelt, wobei in der 6. Runde nur dunkelgrüne, in der 7. Runde 2 dunkelgrüne, eine orangefarbene und wieder 3 dunkelgrüne Perlen verwendet werden. Fassen Sie bei der 8. Runde die dritte Perle auf und fädeln Sie eine kleine Stiftperle, eine Perle in Orange und wieder eine Stiftperle auf. In der 9. Runde wird die mittlere Perle des Bogens der Vorrunde aufgefasst und jeweils 6 olivgrüne Perlen aufgefädelt. Fassen Sie bei der 10. Runde die dritte und vierte Perle des Bogens der Vorrunde auf und fädeln Sie 7 bernsteinfarbene Perlen auf. Für die Runde 11 wird jeweils die vierte Perle des Bogens der Vorrunde aufgegriffen und 3 olivgrüne, eine orangefarbene und wieder 3 grüne Perlen aufgefädelt. In der 12. Runde greifen Sie die vierte Perle der Vorrunde auf, fädeln eine große Stiftperle, dann eine Perle in Orange und wieder eine Stiftperle auf. Für die 13. Runde wird die mittlere Perle des Bogens der Vorrunde aufgegriffen und 8 olivgrüne Perlen aufgefädelt. Bei der 14. Runde in Dunkelgrün und der 15. Runde in Olivgrün werden die vierte und fünfte Perle aufgenommen und jeweils 8 Perlen aufgefädelt. Fassen Sie bei der 16. Runde die vierte und fünfte Perle auf und fädeln Sie 3 dunkelgrüne, eine orangefarbene und 3 dunkelgrüne Perlen auf. Die 17. Runde wird wie die 12. Runde gearbeitet. Die 18. Runde wird in Olivgrün, die 19. Runde in Bernstein und die 20. Runde in Olivgrün und Orange gearbeitet. Nehmen Sie hierfür jeweils die mittlere Perle des Bogens der Vorrunde auf und fädeln Sie 7 Perlen auf. Die 21. Runde wird wie die 8. Runde gearbeitet. Greifen Sie für die 22. Runde die mittlere Perle jedes Bogens auf und fädeln Sie 4 dunkelgrüne Perlen auf. Bei der 23. Runde werden die zweite und dritte Perle aufgefasst und 3 dunkelgrüne Perlen aufgefädelt. In der 24. Runde in Olivgrün fassen Sie die zweite Perle auf und fädeln 3 Perlen auf den Faden. Für die 25. Runde wird die zweite Perle der Vorrunde eines Bogens aufgegriffen, 3 Perlen in Bernstein aufgefädelt, dann die zweite Perle des nächsten Bogens aufgefasst und eine Perle aufgefädelt. In der letzten Runde wird die zweite Perle der Vorrunde aufgefasst und 3 olivgrüne Perlen aufgefädelt, wobei die einzelne Perle übergangen wird. Vernähen Sie zum Schluss den Faden und kleben Sie das Schleifenband in die Kugel.

Transparente Kugel

Material

- Plastik- oder Glaskugel, 5 cm ∅
- ca. 8 g Rocailleperlen in Grau
- ca. 12 g Rocailleperlen in Transparent
- 84 Stiftperlen in Perlsilber, 5 mm lang
- 35 cm Schleifenband in Weiß, 2,5 cm breit

Anleitung

Die ersten 2 Runden werden mit grauen Perlen gefädelt. Fädeln Sie für die 1. Runde 14 Perlen auf und schließen Sie diese, wie in der Anleitung S. 7 beschrieben, zum Ring. In der 2. Runde wird eine Perle des Perlenrings aufgenommen, dann 3 Perlen aufgefädelt, eine Perle der Vorrunde übergangen und dann die nächste Perle aufgefasst. Fahren Sie so fort, bis Sie die Runde beendet haben und fassen Sie beim ersten Bogen nochmals die erste Perle mit auf. Beginnen Sie die 3. Runde mit transparenten Perlen, indem Sie die zweite Perle des Bogens der Vorrunde auffassen, 4 Perlen auffädeln und wieder die zweite Perle des nächsten Bogens auffassen. In der 4. Runde werden jeweils die zweite und dritte Perle der Vorrunde aufgefasst und 5 transparente Perlen aufgefädelt. Fassen Sie in der 5. Runde die zweite Perle eines Bogens auf, fädeln Sie 3 graue Perlen auf den Faden, erfassen Sie nun mit der Nadel die vierte Perle desselben Bogens und fädeln

Sie 3 weitere Perlen auf. Bei der 6. Runde wird die zweite Perle des Bogens der Vorrunde aufgegriffen und 5 transparente Perlen aufgenommen. In der 7. und 8. Runde wird jeweils die dritte Perle aufgefasst und dann 5 Perlen aufgefädelt, wobei in der 7. Runde transparente und in der 8. Runde graue Perlen verwendet werden. In der 9. Runde wird die dritte Perle des Bogens der Vorrunde aufgefasst und eine Stiftperle, eine graue Perle und wieder eine Stiftperle aufgefädelt. Nehmen Sie für die 10. Runde jeweils die Mittelperle des Bogens auf und fädeln Sie 5 graue Perlen hinzu. Für die Runde 11 wird jeweils die dritte Perle des Bogens der Vorrunde aufgegriffen und 7 transparente Perlen aufgefädelt.

Fassen Sie für die 12. Runde jeweils die dritte, vierte und fünfte Perle der Vorrunde auf und fädeln Sie eine Stiftperle, eine transparente Perle und wieder eine Stiftperle auf. Die 13. Runde wird wie die 10. Runde gearbeitet, jedoch mit transparenten Perlen, die 14. Runde arbeiten Sie mit grauen Perlen wie Runde 11 und die 15. Runde wie die 12. Runde, jedoch werden hier graue Perlen zwischen den Stiftperlen eingefügt. Nun wird das Perlengeflecht auf die Kugel gezogen und weitergenäht. Arbeiten Sie die 16. Runde wie die 10. Runde, in der 17. Runde wird die dritte Perle des Bogens der Vorrunde aufgefasst und 5 transparente Perlen aufgefädelt. Greifen Sie bei der 18. Runde die mittlere Perle des Bogens auf und fädeln Sie 5 transparente Perlen hinzu. Für die 19. Runde in Grau und die 20. Runde in Transparent wird jeweils die dritte Perle des Bogens der Vorrunde aufgenommen und 3 Perlen aufgefädelt. Für die 21. Runde wird die zweite Perle der Vorrunde eines Bogens aufgegriffen, 5 transparente Perlen aufgefädelt, dann die zweite Perle des nächsten Bogens aufgefasst und 2 Perlen auf den Faden genommen.

In der letzten Runde wird die dritte Perle der Vorrunde aufgefasst und 2 transparente Perlen aufgefädelt, wobei der Bogen mit 2 Perlen übergangen wird. Vernähen Sie zum Schluss den Faden und binden Sie das Schleifenband in die obere Öse der Kugel.

Perlenei in Rosé

Material

- Watte- oder Styroporei, 3,5 x 5 cm
- Acrylfarbe in Pink
- ca. 7 g Rocailleperlen in Rosa
- ca. 7 g Rocailleperlen in Hellrosa
- ca. 7 g Rocailleperlen in Silber
- 40 cm Satinband in Pink, 1 cm breit
- 18 cm Satinband in Hellrosa, 0,3 cm breit
- 16 cm Satinband in Dunkelrosa, 0,3 cm breit
- 1 Feder in Rosa, 1 kleine Blüte

Anleitung

Bemalen Sie das Ei, bevor Sie mit dem Nähen beginnen, mit Acrylfarbe und lassen Sie diese trocknen. Bei dem Perlenei wechseln immer eine rosafarbene, eine hellrosafarbene und eine silberfarbene Runde ab, wobei die ersten beiden Runden in Rosa gearbeitet werden. Für die 1. Runde werden 14 Perlen in Rosa aufgefädelt und zum Ring geschlossen. In der 2. Runde wird eine Perle des Perlenrings aufgenommen, dann 3 rosafarbene Perlen aufgefädelt, eine Perle der Vorrunde übergangen und die nächste Perle aufgefasst. Beginnen Sie die 3. Runde mit Perlen in Hellrosa, indem Sie die zweite Perle des Bogens der Vorrunde auffassen, 5 Perlen auffädeln und wieder die zweite Perle des nächsten Bogens auffassen. In der 4. Runde wird jeweils die dritte Perle des Bogens der Vorrunde aufgefasst und 5 Perlen aufgefädelt. Nun wird das Perlengeflecht über das Styroporei gelegt, mit Stecknadeln festgesteckt und weitergenäht. Fassen Sie in der 5. Runde die dritte Perle eines Bogens auf und fädeln Sie 6 Perlen auf den Faden. In der 6. Runde wird die zweite Perle aufgefasst, 3 Perlen aufgefädelt, dann die fünfte Perle desselben Bogens erfasst und 5 weitere Perlen aufgefädelt. In der 7. Runde wird jeweils die mittlere Perle des Bogens der Vorrunde aufgefasst und dann 5 Perlen aufgefädelt. Fassen Sie bei der 8. Runde die dritte Perle der Vorrunde auf und fädeln Sie 4 Perlen auf. In der 9. Runde werden die zweite und dritte Perle aufgefasst und jeweils 3 Perlen aufgefädelt. Für die 10. Runde fassen Sie die zweite Perle eines Bogens auf und nehmen 4 Perlen auf den Faden. 11. bis 20. Runde: Nähen Sie nun 5-mal die 9. und die 10. Runde abwechselnd. Die 21. Runde wird wie Runde 9 gearbeitet, für die 22. und 23. Runde müssen Sie die zweite Perle des Bogens der Vorrunde auffassen und 3 Perlen auffädeln. In der 24. Runde wird jeweils die zweite Perle jedes Bogens aufgegriffen, 3 Perlen aufgefädelt, dann die zweite Perle des nächsten Bogens aufgefasst und eine Perle aufgefädelt. Greifen Sie in der 25. Runde die zweite Perle jedes Bogens auf und fädeln Sie eine Perle auf den Faden. Vernähen Sie zum Schluss den Faden und kleben Sie das Schleifenband in die Kugel.

Frühlingsgruß aus Perlen

Material

- Watte- oder Styroporei, 3,5 x 5 cm
- Acrylfarbe in Grün
- ca. 6 g Rocailleperlen in Dunkelgrün
- ca. 6 g Rocailleperlen in Grün
- ca. 4 g Rocailleperlen in Hellgrün
- ca. 2 g Rocailleperlen in Transparent
- einige Rocailleperlen in Orange (ca. 2 g)
- 40 cm Satinband in Grün, 1 cm breit
- 18 cm Satinband in Orange, 0,3 cm breit
- 16 cm Satinband in Hellgrün, 0,3 cm breit
- 2 kleine Blüten
- ein kleines Stück Feder in Orange

Anleitung

Bemalen Sie die Kugel mit grüner Acrylfarbe und lassen Sie sie trocknen. Für die 1. Runde werden 10 Perlen in Dunkelgrün aufgefädelt und zum Ring geschlossen. In der 2. Runde wird eine Perle des Perlenrings aufgenommen, dann 3 dunkelgrüne Perlen aufgefädelt, eine Perle der Vorrunde übergangen und dann die nächste Perle aufgefasst. Arbeiten Sie die 3. Runde, indem Sie die zweite Perle des Bogens der Vorrunde auffassen und 5 grüne Perlen auffädeln. In der 4. Runde wird jeweils die dritte Perle aufgefasst und eine hellgrüne, eine orangefarbene, 2 hellgrüne, eine orangefarbene und wieder eine hellgrüne Perle aufgefädelt. Nun wird das Perlengeflecht über das Watte- oder Styroporei gelegt, mit Stecknadeln festgesteckt und weitergenäht. Fassen Sie in der 5. Runde die zweite Perle eines Bogens auf, fädeln Sie 2 hellgrüne, eine orangefarbene und 2 hellgrüne Perlen auf den Faden, erfassen Sie nun mit der Nadel die fünfte Perle desselben Bogens und fädeln Sie wieder 5 Perlen auf. In der 6. und 7. Runde wird jeweils die dritte Perle des Bogens der Vorrunde aufgefasst und dann 5 Perlen aufgefädelt, verwenden Sie zuerst dunkelgrüne und dann grüne Perlen. Fassen Sie bei der 8. Runde die dritte Perle der Vorrunde auf und fädeln Sie 3 hellgrüne, eine orangefarbene und wieder 3 hellgrüne Perlen auf. Arbeiten Sie ebenso in der 9. Runde, jedoch wird hier nicht die dritte, sondern die vierte Perle aufgenommen. Fädeln Sie die 10. Runde wie die 9. Runde, verwenden Sie hierzu allerdings dunkelgrüne Perlen. Die 11. Runde wird mit transparenten Perlen gearbeitet; nehmen Sie die vierte Perle auf und fädeln Sie jeweils 9 Perlen auf den Faden. In der 12. Runde wird die fünfte Perle aufgegriffen und 3 Perlen in Dunkelgrün, eine in Orange und 3 in Dunkelgrün aufgefädelt. Arbeiten Sie Runde 13 und 14 wie Runde 9, wobei zuerst hellgrüne und orangefarbene, dann grüne Perlen verwendet werden. Fassen Sie bei der 15. Runde die vierte Perle der Vorrunde auf und fädeln Sie 2 dunkelgrüne, eine orangefarbene und wieder 2 dunkelgrüne Perlen auf. Für die 16. Runde fassen Sie die dritte Perle der Vorrunde auf und fädeln 2 hellgrüne, eine orangefarbene und wieder 2 hellgrüne Perlen auf. Für die Runde 17 wird jeweils die dritte Perle des Bogens der Vorrunde aufgegriffen und 3 grüne Perlen aufgefädelt, in der 18. Runde wird jeweils die zweite Perle jedes Bogens aufgegriffen und 3 dunkelgrüne Perlen aufgefädelt. Greifen Sie in der 19. Runde die zweite Perle jedes Bogens auf, fädeln Sie 3 grüne Perlen auf, fassen Sie die zweite Perle des nächsten Bogens auf und fädeln Sie eine Perle auf den Faden. Für die 20. Runde wird die zweite Perle des Bogens mit 3 Perlen aufgegriffen und 2 Perlen aufgefädelt, wobei die einzelne Perle übergangen wird. Zuletzt wird der Faden vernäht und das Schleifenband mit den Blüten in die Kugel geklebt.

Spanschachtel mit Perlenschmuck

Material

- Spanschachtel, 7 cm ∅
- Acrylfarbe in Grün
- ca. 2 g Rocailleperlen in Transparent
- ca. 3 g Rocailleperlen in Hellgrün
- ca. 3 g Rocailleperlen in Grün
- ca. 2 g Rocailleperlen in Dunkelgrau
- Klebstoff

Anleitung

Bemalen Sie zuerst die Spanschachtel mit grüner Acrylfarbe und lassen Sie sie trocknen. Für die 1. Runde werden 12 transparente Perlen aufgefädelt und zum Ring geschlossen. In der 2. Runde wird eine Perle des Perlenrings aufgenommen, dann 3 transparente Perlen aufgefädelt, eine Perle der Vorrunde übergangen und dann die nächste Perle aufgefasst. Arbeiten Sie die 3. Runde mit hellgrünen Perlen, indem Sie die zweite Perle des Bogens der Vorrunde auffassen und 5 Perlen auffädeln. In der 4. Runde wird jeweils die dritte Perle des Bogens der Vorrunde aufgefasst und 7 grüne Perlen aufgefädelt. Fassen Sie in der 5. Runde die zweite und dritte Perle eines Bogens auf, fädeln Sie 3 hellgrüne Perlen auf den Faden, erfassen Sie nun mit der Nadel die fünfte und sechste Perle desselben Bogens und fädeln Sie 5 weitere Perlen auf. In

der 6. Runde wird jeweils die mittlere Perle eines Bogens aufgefasst und 5 transparente Perlen aufgefädelt. Für die 7. Runde müssen Sie die dritte Perle des Bogens der Vorrunde auffassen und dann 7 grüne Perlen auffädeln. Fassen Sie bei der 8. Runde die dritte, vierte und fünfte Perle des Bogens der Vorrunde auf und fädeln Sie 7 hellgrüne Perlen auf. In der 9. Runde wird die dritte Perle des Bogens der Vorrunde aufgefasst, jeweils 3 dunkelgraue Perlen aufgefädelt, dann die fünfte Perle desselben Bogens aufgefasst und 5 Perlen aufgefädelt. Nach dem Vernähen des Fadens kann das Perlengeflecht auf die Spandose geklebt werden.

Sternschachtel

Material

- Spanschachtel, 4,5 cm Ø
- Acrylfarbe in Grün
- ca. 2 g Rocailleperlen in Dunkelblau
- ca. 2 g Rocailleperlen in Grün
- 16 Stiftperlen in Dunkelgrau, 5 mm lang
- Klebstoff

Anleitung

Bemalen Sie die Spanschachtel mit grüner Acrylfarbe und lassen Sie diese trocknen. Für die 1. Runde werden 8 dunkelblaue Perlen aufgefädelt und zum Ring geschlossen. In der 2. Runde wird eine Perle des Perlenrings aufgenommen, dann 4 blaue Perlen aufgefädelt, eine Perle der Vorrunde übergangen und dann die nächste Perle aufgefasst. Fassen Sie in der 3. Runde mit der Nadel die zweite und dritte Perle des Bogens der Vorrunde auf und fädeln Sie 6 grüne Perlen auf den Faden. In der 4. Runde wird jeweils die zweite Perle des Bogens der Vorrunde aufgefasst, 5 blaue Perlen aufgefädelt, dann wieder die fünfte Perle desselben Bogens aufgegriffen und erneut 5 Perlen aufgefädelt. Fassen Sie in der 5. Runde die dritte Perle eines Bogens auf, fädeln Sie eine grüne Perle, eine Stiftperle, drei grüne Perlen, eine Stiftperle und wieder eine grüne Perle auf den Faden. Fahren Sie fort, bis die Runde beendet ist. Zuletzt wird der Faden vernäht und das Perlengeflecht auf die Spandose geklebt.

Perlentropfen

Material

- Plastik- oder Glastropfen, 11 cm hoch
- ca. 12 g Rocailleperlen in Transparent
- ca. 12 g Rocailleperlen in Weiß
- ca. 12 g Rocailleperlen in Hellblau
- 40 cm Schleifenband in Weiß, 2,5 cm breit

Anleitung

Bei diesem Tropfen wechseln immer eine hellblaue, eine transparente und eine weiße Perlenrunde ab, wobei die ersten beiden Reihen mit hellblauen Perlen gefädelt werden. Für die 1. Runde werden 10 Perlen aufgefädelt und zum Ring geschlossen. Verknoten Sie beide Fadenenden sorgfältig und fädeln Sie mit einem der Fadenenden weiter. In der 2. Runde wird eine Perle des Perlenrings aufgenommen, dann 3 Perlen aufgefädelt, eine Perle der Vorrunde übergangen und dann die nächste Perle aufgefasst. Beginnen Sie die 3. Runde mit transparenten Perlen, indem Sie die zweite Perle des Bogens der Vorrunde auffassen und 5 Perlen auffädeln. In der 4. Runde wird jeweils die dritte Perle des Bogens der Vorrunde aufgefasst und 7 Perlen aufgefädelt. Fassen Sie in der 5. Runde die zweite Perle eines Bogens auf, fädeln Sie 5 Perlen auf den Faden, erfassen Sie nun mit der Nadel die sechste Perle desselben Bogens und fädeln Sie 5 weitere Perlen auf. Die 6. Runde wird wie Runde 4 gearbeitet, für die 7. Runde wird jeweils die vierte Perle des Bogens der Vorrunde aufgefasst und dann 7 Perlen aufgefädelt. Fassen Sie bei der 8. Runde die zweite Perle der Vorrunde auf, fädeln Sie 5 Perlen auf, fassen Sie die sechste Perle desselben Bogens auf und fädeln Sie schließlich 2 Perlen auf den Faden. In der 9. Runde wird die dritte Perle des Bogens mit fünf Perlen aufgefasst und 9 Perlen aufgefädelt, wobei der Bogen mit den 2 Perlen übergangen wird. Fassen Sie bei der 10. Runde die dritte Perle der Vorrunde auf, fädeln Sie 5 Perlen auf, fassen Sie die siebte Perle desselben Bogens auf und fädeln Sie schließlich 3 Perlen auf den Faden. In der 11. Runde wird die dritte Perle des Bogens mit 5 Perlen aufgefasst und 9 Perlen aufgefädelt, wobei der Bogen mit den 3 Perlen übergangen wird. Fassen Sie nun bei der 12. Runde die dritte Perle der Vorrunde auf, fädeln Sie 5 Perlen auf, fassen Sie die siebte Perle desselben Bogens auf und fädeln Sie schließlich 4 Perlen auf den Faden. Anschließend wird das Perlengeflecht über den Tropfen gezogen und so gehalten, dass weitergenäht werden kann. In der 13. Runde wird die dritte Perle des Bogens mit 5 Perlen aufgefasst und 9 Perlen aufgefädelt, wobei der Bogen mit den 4 Perlen übergangen wird. Arbeiten Sie die 14. Runde wie Runde 12 und die 15. Runde wie in Runde 13 beschrieben. Nun wird das Perlengeflecht straff nach oben gezogen. Die Runde 16 wird wie Runde 12 gearbeitet, Runde 17 wie 13 und Runde 18 wie Runde 10. Für Runde 19 wird die dritte Perle des 5er Bogens aufgefasst und 7 Perlen aufgefädelt, wobei der Bogen mit den 3 Perlen übergangen wird. Arbeiten Sie die 20. Runde wie bei Runde 8 beschrieben.

In der 21. Runde wird die dritte Perle des Bogens mit 5 Perlen aufgefasst und 7 Perlen aufgefädelt, wobei der Bogen mit den 4 Perlen übergangen wird. Fassen Sie bei der 22. Runde die zweite Perle der Vorrunde auf, fädeln Sie 5 Perlen auf, fassen Sie die sechste Perle desselben Bogens auf und fädeln Sie schließlich eine Perle auf den Faden. In der 23. Runde wird die dritte Perle des Bogens mit 5 Perlen aufgefasst und 5 Perlen aufgefädelt, die einzelne Perle wird hierbei übergangen. Für die 24. Runde nehmen Sie die dritte Perle auf und fädeln 5 Perlen auf. Fassen Sie nun bei der 25. Runde die zweite und dritte Perle der Vorrunde auf, fädeln Sie 5 Perlen auf, fassen Sie die zweite und dritte Perle des nächsten Bogens auf und fädeln Sie schließlich eine Perle auf den Faden. Nun wird in Runde 26 die dritte Perle des 5er Bogens aufgefasst und 7 Perlen aufgefädelt, wobei der Bogen mit einer Perle übergangen wird. Die 27. Runde wird wie die 22. Runde gearbeitet, die 28. Runde wie in Runde 23 beschrieben. Fassen Sie in der 29. Runde die dritte Perle der Vorrunde auf und nehmen Sie 5 Perlen auf die Nadel, bei der 30. Runde wird ebenfalls die dritte Perle aufgegriffen und 3 Perlen aufgefädelt. Arbeiten Sie Runde 31 bis 33 gleich, indem Sie die zweite Perle des Bogens aufnehmen und jeweils 3 Perlen auffädeln. In der letzten Runde schließlich wird die zweite Perle der Vorrunde aufgenommen und nur eine Perle aufgefädelt. Vernähen Sie den Faden, schneiden Sie ihn nah am Knoten ab und binden Sie das Schleifenband an dem Tropfen fest.

Perlenmedaillon in Violett

Material

- Styroporscheibe, 8 cm Ø
- Acrylfarbe in Violett
- 10 g Rocailleperlen in Violett
- 12 g Rocailleperlen in Grau
- 10 g Rocailleperlen in Dunkelviolett
- 20 cm Satinband in Violett, 1 cm breit
- 18 cm Satinband in Dunkelviolett, 0,3 cm breit
- 16 cm Satinband in Pink, 0,3 cm breit

Anleitung

Bemalen Sie das Medaillon zuerst mit Acrylfarbe und lassen Sie diese trocknen. Für die 1. Runde werden 12 Perlen in Dunkelviolett aufgefädelt und zum Ring geschlossen. In der 2. Runde wird eine Perle des Perlenrings aufgenommen, dann 3 dunkelviolette Perlen aufgefädelt, eine Perle der Vorrunde übergangen und dann die nächste Perle aufgefasst. Arbeiten Sie die 3. Runde mit violetten Perlen, indem Sie die zweite Perle des Bogens der Vorrunde auffassen und 5 Perlen auffädeln. In der 4. Runde wird jeweils die dritte Perle des Bogens der Vorrunde aufgefasst und 7 graue Perlen aufgefädelt. Fassen Sie in der 5. Runde die zweite und dritte Perle eines Bogens auf, fädeln Sie 3 violette Perlen auf den Faden, erfassen Sie nun mit der Nadel die fünfte und sechste Perle desselben Bogens und fädeln Sie 5 weitere Perlen auf. Nun wird das Perlengeflecht über die Kugel gelegt, mit Stecknadeln festgesteckt und weitergenäht. In der 6. Runde wird jeweils die Mittelperle aufgefasst und 5 dunkelviolette Perlen auf den Faden genommen. Für die 7. Runde wird jeweils die dritte Perle des Bogens der Vorrunde aufgefasst und dann 7 Perlen in Violett aufgefädelt. Fassen Sie bei der 8. Runde die dritte, vierte und fünfte Perle der Vorrunde auf und fädeln Sie 7 graue Perlen auf. In der 9. Runde werden die zweite und dritte Perle des Bogens aufgefasst, 3 dunkelviolette Perlen aufgefädelt, dann die fünfte und sechste Perle desselben Bogens aufgegriffen und jeweils 5 Perlen aufgefädelt. Fassen Sie für die 10. Runde jeweils die Mittelperle auf und fädeln Sie 4 violette Perlen auf, in der 11. Runde werden die zweite und dritte Perle aufgenommen und 4 graue Perlen auf den Faden genommen. Für die Runde 12 wird jeweils die zweite und dritte Perle des Bogens der Vorrunde aufgegriffen und 8 dunkelviolette Perlen aufgefädelt. Arbeiten Sie die zweite Seite des Medaillons ebenso und nähen Sie zum Schluss die beiden Hälften an der Styroporscheibe mit je zwei Zwischenperlen zusammen (siehe Zeichnung).

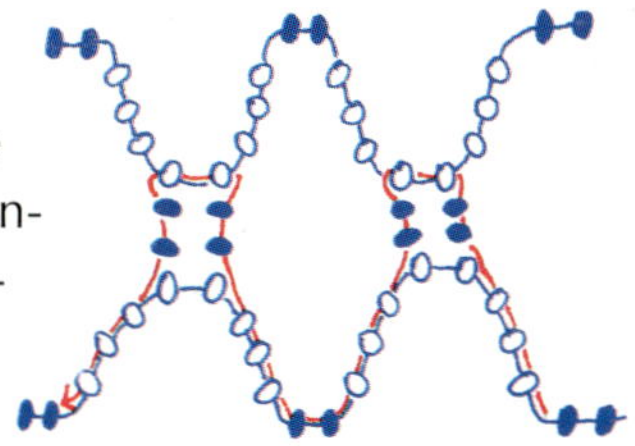

Herz aus Perlen

Material

- Styroporherz, 5,5 cm hoch
- Acrylfarbe in Rot
- ca. 8 g Rocailleperlen in Rot
- ca. 8 g Rocailleperlen in Bordeaux
- ca. 8 g Rocailleperlen in Gold
- 30 cm Schleifenband in Rot, 2,5 cm breit

Anleitung

Zuerst wird das Herz mit roter Acrylfarbe bemalt und trocknen gelassen. Arbeiten Sie immer abwechselnd eine bordeauxfarbene, eine rote und eine perlmuttfarbene Runde, die ersten beiden Runden werden allerdings mit bordeauxfarbenen Perlen genäht. Für die 1. Runde werden 12 Perlen aufgefädelt und zum Ring geschlossen. In der 2. Runde wird eine Perle des Perlenrings aufgenommen, dann 3 Perlen aufgefädelt, eine Perle der Vorrunde übergangen und dann die nächste Perle aufgefasst. In der 3. Runde wird abwechselnd einmal die zweite Perle des Bogens der Vorrunde aufgefasst und 7 Perlen aufgefädelt und zweimal die zweite Perle des nächsten Bogens aufgefasst und 3 Perlen aufgefädelt. Nun wird das Perlengeflecht über das Herz gelegt, mit Stecknadeln festgesteckt und weitergenäht. In der 4. Runde wird die vierte Perle des Bogens mit 7 Perlen aufgefasst und 7 Perlen aufgefädelt, anschließend wird die zweite Perle des 3er Bogens aufgefasst und 5 Perlen aufgenommen und dann die zweite Perle des nächsten 3er Bogens aufgefasst und wieder 7 Perlen aufgefädelt. Fassen Sie in der 5. Runde die zweite Perle des Bogens mit 7 Perlen auf, fädeln Sie 7 Perlen auf, fassen Sie dann die sechste Perle auf und nehmen sie 5 Perlen auf den Faden, anschließend wird die dritte Perle des 5er Bogens aufgefasst und 5 Perlen aufgenommen, dann die zweite Perle des 7er Bogens aufgefasst und 7 Perlen aufgefädelt und zuletzt die sechste Perle desselben Bogens aufgegriffen und 5 Perlen aufgefädelt. In der 6. Runde fassen Sie jeweils die mittlere Perle eines Bogens auf und fädeln 5 Perlen auf. Für die 7. Runde wird abwechselnd dreimal die dritte Perle des Bogens der Vorrunde aufgefasst und 5 Perlen aufgefädelt und einmal die dritte Perle des nächsten Bogens aufgefasst und 7 Perlen aufgefädelt. Der Bogen mit den 7 Perlen befindet sich seitlich. Bei der 8. Runde wird abwechselnd einmal die dritte Perle des Bogens mit 5 Perlen aufgefasst und 6 Perlen aufgefädelt sowie viermal die mittlere Perle des nächsten Bogens aufgefasst und 8 Perlen aufgefädelt. Der so entstandene 6er Bogen befindet sich vorne und hinten in der Mitte des Herzens. Fädeln Sie für die 9. Runde wie folgt: einmal die dritte und vierte Perle des 5er Bogens auffassen und 5 Perlen auffädeln, einmal die vierte und fünfte Perle des 8er Bogens auffassen und 5 Perlen auffädeln, zweimal die dritte Perle des 8er Bogens auffassen, 5 Perlen auffädeln, dann die sechste Perle desselben Bogens auffassen und 5 Perlen auffädeln und schließlich die vierte und fünfte Perle des 8er Bogens auffassen und 5 Perlen auffädeln. In der 10. Runde wird einmal die dritte Perle des Bogens der Vorrunde aufgefasst und 7 Perlen aufgefädelt, viermal die dritte Perle der Vorrunde aufgefasst und 5 Perlen aufgenommen und zweimal die dritte Perle aufgefasst und 7 Perlen aufgefädelt. Für die 11. Runde wird einmal die vierte Perle des 7er Bogens aufgefasst und 5 Perlen aufgefädelt, viermal die dritte Perle des 5er Bogens aufgegriffen und 5 Perlen aufgenommen und zweimal die vierte Perle des 7er Bogens aufgefasst und 6 Perlen aufgefädelt. In der 12. Runde wird fünfmal die dritte Perle des 5er Bogens aufgefasst und 5 Perlen aufgefädelt und zweimal die dritte und vierte Perle des 6er Bogens aufgefasst und 5 Perlen aufgefädelt. Für die 13. Runde wird viermal die dritte Perle der Vorrunde aufgefasst und 5 Perlen aufgefädelt, zweimal die dritte Perle aufgefasst und 6 Perlen aufgenommen und einmal die dritte Perle aufgefasst und 5 Perlen aufgefädelt. In der 14. Runde wird viermal die dritte Perle des 5er Bogens aufgefasst und 5 Perlen aufgefädelt, zweimal die dritte und vierte Perle des 6er Bogens aufgefasst und 5 Perlen aufgenommen und einmal die dritte Perle des 5er Bogens aufgefasst und 5 Perlen aufgefädelt. 15. Runde: einmal die dritte Perle

der Vorrunde auffassen und 4 Perlen auffädeln, fünfmal die dritte Perle auffassen und 5 Perlen aufnehmen und einmal die dritte Perle aufgreifen und 5 Perlen auffädeln. Fassen Sie in der 16. Runde einmal die zweite und dritte Perle des 4er Bogens auf und fädeln Sie 5 Perlen auf, fassen Sie fünfmal die dritte des 5er Bogens auf und fädeln Sie 5 Perlen auf und fassen Sie einmal die zweite und dritte Perle des 4er Bogens auf und fädeln Sie 5 Perlen auf. In der 17. Runde wird dreimal die dritte Perle aufgefasst und 5 Perlen aufgefädelt, einmal die dritte Perle aufgenommen und 3 Perlen aufgefädelt, zweimal die dritte Perle aufgefasst und 5 Perlen aufgenommen und einmal die dritte Perle aufgefasst und 2 Perlen aufgefädelt. Hierbei werden die einzelnen Perlen übergangen. Für die 18. Runde wird zweimal die dritte Perle des 5er Bogens aufgefasst und 5 Perlen aufgefädelt, einmal die zweite Perle des 3er Bogens aufgenommen und 5 Perlen aufgefädelt, einmal die dritte Perle des 5er Bogens aufgefasst und 5 Perlen aufgenommen und einmal die dritte Perle des nächsten 5er Bogens aufgefasst und 2 Perlen aufgefädelt. In der letzten Runde wird das Perlengeflecht mit einer Zickzack-Runde zugenäht. Hierfür wird jeweils die dritte Perle eines Bogens der Vorderseite aufgefasst und einmal 2 Perlen, viermal 5 Perlen und wieder 2 Perlen aufgefädelt. Nehmen Sie nun die dritte Perle der Gegenseite auf, fädeln Sie drei Perlen auf den Faden, nehmen Sie die mittlere Perle der Vorderseite auf, fädeln Sie 2 Perlen auf den Faden, stechen Sie wieder durch die dritte Perle der Rückseite usw. Zuletzt wird der Faden vernäht und das Schleifenband in das Herz geklebt.

Kleiner Zapfen in Gold

Material

- Styroporzapfen, 8 cm hoch
- Acrylfarbe in Hellgelb oder Gold
- ca. 4 g Rocailleperlen in Bronze
- ca. 4 g Rocailleperlen in Orange
- ca. 4 g Rocailleperlen in Bernstein
- 35 cm Satinband in Kupfer, 0,8 cm breit
- 18 cm Satinband in Orange, 0,3 cm breit
- 16 cm Satinband in Gelb, 0,3 cm breit
- 1 kleiner Nadelzweig

Anleitung

Bemalen Sie den Zapfen, bevor Sie mit dem Nähen beginnen, mit goldfarbener Acrylfarbe und lassen Sie sie trocknen. Bei diesem Zapfen wechseln immer eine bronzefarbene, eine orangefarbene und eine bernsteinfarbene Runde ab. Begonnen wird mit 2 Runden in Bronze. Für die 1. Runde werden 8 Perlen aufgefädelt und zum Ring geschlossen. Verknoten Sie beide Fadenenden 3-mal und fädeln Sie mit einem der Fadenenden weiter. In der 2. Runde wird eine Perle des Perlenrings aufgenommen, dann 3 Perlen aufgefädelt, eine Perle der Vorrunde übergangen und dann die nächste Perle aufgefasst. Fahren Sie so fort, bis Sie die Runde beendet haben und fassen Sie beim ersten Bogen nochmals die erste Perle mit auf. Beginnen Sie die 3. Runde mit orangefarbenen Perlen, indem Sie die zweite Perle des Bogens der Vorrunde auffassen, 6 Perlen auffädeln und wieder die zweite Perle des nächsten Bogens auffassen. In der 4. Runde wird jeweils die zweite Perle des

Bogens der Vorrunde aufgefasst, 5 bernsteinfarbene Perlen aufgefädelt, dann die fünfte Perle desselben Bogens aufgefasst und weitere 5 Perlen aufgenommen. Nun wird das Perlengeflecht über den Zapfen gelegt, mit Stecknadeln festgesteckt und weitergenäht. Fassen Sie in der 5. Runde die dritte Perle eines Bogens auf und fädeln Sie 4 Perlen auf den Faden. In der 6. Runde wird die dritte Perle aufgefasst und es werden 5 Perlen aufgefädelt. Verfahren Sie ebenso bei den folgenden Bogen. In der 7. und 8. Runde wird jeweils die dritte Perle des Bogens der Vorrunde aufgefasst und dann 5 Perlen aufgefädelt. In der 9. Runde wird die dritte Perle des Bogens der Vorrunde aufgefasst und 7 Perlen aufgefädelt. Die 10. bis 17. Runde wird gleich gearbeitet: Fassen Sie die vierte Perle des Bogens der Vorrunde auf und fädeln Sie jeweils 7 Perlen auf den Faden. In der 18. Runde wird jeweils die vierte Perle jedes Bogens aufgegriffen und 6 Perlen aufgefädelt. Fassen Sie in der 19. Runde die dritte und vierte Perle eines Bogens auf und fädeln Sie 5 Perlen auf den Faden. In der 20. Runde wird die dritte Perle aufgenommen und es werden 5 Perlen aufgefädelt. Jetzt sollte der obere Rand des Zapfens erreicht sein. Fassen Sie in der 21. Runde die dritte Perle eines Bogens der Vorrunde auf und fädeln Sie 4 Perlen auf den Faden. Für die 22. Runde werden die zweite und dritte Perle aufgegriffen, 3 Perlen aufgefädelt, dann die zweite und dritte Perle des nächsten Bogens aufgefasst und eine Perle aufgefädelt. In der letzten Runde wird die zweite Perle des Bogens mit 3 Perlen aufgefasst und 2 Perlen aufgefädelt, wobei die einzelne Perle übergangen wird. Vernähen Sie den Faden und kleben Sie das Schleifenband und den Zweig in die Kugel.

Großer Weihnachtszapfen

Material

- Styroporzapfen, 12 cm hoch
- Acrylfarbe in Rot
- ca. 7 g Rocailleperlen in Hellgrün
- ca. 7 g Rocailleperlen in Braun
- ca. 4 g Rocailleperlen in Dunkelgrün
- ca. 3 g Rocailleperlen in Rot
- 80 Stiftperlen in Dunkelgrün, 9 mm lang
- 32 cm Schleifenband in Rot, 2,5 cm breit

Anleitung

Schneiden Sie die Spitze des Zapfens etwa 2 cm mit einem Cutter oder Messer ab, bemalen Sie ihn mit roter Acrylfarbe und lassen Sie diese trocknen. Für die 1. Runde werden 10 dunkelgrüne Perlen aufgefädelt und zum Ring geschlossen. In der 2. Runde wird eine Perle des Perlenrings aufgenommen, dann 3 dunkelgrüne Perlen aufgefädelt, eine Perle der Vorrunde übergangen und dann die nächste Perle aufgefasst. Beginnen Sie die 3. Runde mit braunen Perlen, indem Sie die zweite Perle des Bogens der Vorrunde auffassen und 7 Perlen auffädeln. In der 4. Runde wird jeweils die vierte Perle des Bogens der Vorrunde aufgefasst und 7 hellgrüne Perlen aufgefädelt. Nun wird das Perlengeflecht über den Zapfen gelegt, mit Stecknadeln festgesteckt und weitergenäht. Fassen Sie in der 5. Runde die dritte Perle eines Bogens auf, fädeln Sie 3 dunkelgrüne Perlen auf, fassen Sie dann die fünfte Perle desselben Bogens auf und fädeln Sie weitere 5 Perlen auf den Faden.

In der 6. Runde wird die mittlere Perle jeden Bogens aufgefasst und es werden 2 braune, 2 rote und wieder 2 braune Perlen aufgefädelt. In der 7. Runde greifen Sie die dritte und vierte Perle der Vorrunde auf und fädeln eine rote Perle, eine Stiftperle, 2 rote Perlen, erneut eine Stiftperle und eine rote Perle auf den Faden. Für die 8. Runde werden jeweils die beiden mittleren Perlen der Vorrunde aufgefasst und dann 5 dunkelgrüne Perlen aufgefädelt. In der 9. Runde wird die dritte Perle des Bogens der Vorrunde aufgefasst und 7 braune Perlen aufgefädelt. Greifen Sie für die 10. Runde die dritte, vierte und fünfte Perle der Vorrunde auf und fädeln Sie 2 dunkelgrüne, 2 rote und wieder 2 grüne Perlen auf. In der 11. Runde greifen Sie die dritte und vierte Perle der Vorrunde auf und fädeln eine rote Perle, eine Stiftperle, 3 rote Perlen, erneut eine Stiftperle und eine rote Perle auf den Faden. Nun müssen Sie für die 12. Runde die mittlere Perle der Vorrunde auffassen und 8 braune Perlen auf den Faden nehmen. Für die 13. Runde fassen Sie die dritte, vierte, fünfte und sechste Perle der Vorrunde auf und fädeln 2 dunkelgrüne, 2 rote und wieder 2 grüne Perlen auf. Die 14. Runde wird wie die 11. Runde gearbeitet, die 15. Runde wie die 12. und die 16. Runde wie die 13. Arbeiten Sie die 17. Runde wie Runde 7 und die 18. Runde wie Runde 8, wobei Sie hierfür braune Perlen verwenden müssen. Runde 19 bis 22 werden wie folgt gearbeitet: Fassen Sie die dritte Perle der Vorrunde auf und fädeln Sie 5 Perlen auf den Faden. Beginnen Sie mit einer hellgrünen Reihe, fädeln Sie dann eine dunkelgrüne, eine braune und eine hellgrüne Runde. Nun sollte der obere Rand des Zapfens erreicht sein. Die 23. Runde wird wie Runde 20 gearbeitet. Für die 24. Runde wird die dritte Perle des Bogens der Vorrunde aufgegriffen, 3 Perlen aufgefädelt, dann die

- Hellgrün Knorr 6105-343 „himmelblau"

- Braun Knorr 6105-009 „weiß"

- dkl. grün Knorr 6105-378 „marine"

- Rot efco 1020341 „flieder" Silbereinzug

- Stiftperlen dunkl. grün 9mm ⇒ ~~Sch~~ gold von Mayco (Mindala)

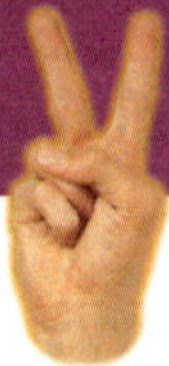

englisch Verlag

„Perlen zaub...

S. 28

gr. Weihnachtszapfen

Styrop. 12 cm

Perlonfaden 0,250

ca. 21 g

+ Stiftpasten

dritte Perle des nächsten Bogens aufgefasst und eine Perle aufgefädelt. In der letzten Runde wird die zweite Perle des Bogens mit 3 Perlen aufgefasst und 3 Perlen aufgefädelt, wobei die einzelne Perle übergangen wird. Vernähen Sie den Faden und kleben Sie das Schleifenband und den Zweig in die Kugel.

Perlenglocke

Material

- Styroporglocke, 8 cm hoch
- Acrylfarbe in Rot
- ca. 10 g Rocailleperlen in Rot
- ca. 12 g Rocailleperlen in Dunkelgrau
- ca. 12 g Rocailleperlen in Grau
- ca. 6 g Rocailleperlen in Hellrosa
- ca. 12 g Rocailleperlen in Silber
- 30 cm Schleifenband in Rot, 2,5 cm breit

Anleitung

Bevor Sie mit dem Nähen beginnen, wird die Glocke mit roter Acrylfarbe bemalt. Fädeln Sie für die 1. Runde 39 Perlen in Dunkelgrau auf und schließen Sie sie zum Ring (Siehe Anleitung S. 7). In der 2. Runde wird eine Perle des Perlenrings aufgenommen, dann 5 dunkelgraue Perlen aufgefädelt, zwei Perlen der Vorrunde übergangen und dann die nächste Perle aufgefasst. Arbeiten Sie die 3. und 4. Runde, indem Sie die dritte Perle des Bogens der Vorrunde auffassen und 5 hellgraue Perlen auffädeln. Nun wird das Perlengeflecht über die Glocke gelegt, mit Stecknadeln festgesteckt und weitergenäht. Fassen Sie in der 5. Runde die dritte Perle eines Bogens auf und fädeln Sie 7 rosafarbene Perlen auf den Faden. In der 6. bis 9. Runde wird jeweils die vierte Perle des Bogens der Vorrunde aufgefasst und dann 7 Perlen aufgefädelt, wobei in der 6. Runde silberfarbene, in der 7. Runde dunkelgraue und in den nächsten beiden Runden hellgraue Perlen verwendet werden. Fassen Sie bei der 10. Runde die vierte Perle auf und fädeln Sie 8 rosafarbene Perlen auf. In der 11. bis 17. Runde werden die vierte und fünfte Perle des Bogens der Vorrunde aufgefasst und jeweils 8 Perlen aufgefädelt. Fädeln Sie hierfür erst eine Runde mit Perlen in Silber, dann in Dunkelgrau, zwei Runden in Hellgrau, eine in Silber, eine in Dunkelgrau und schließlich eine Reihe in Rosa. Fassen Sie bei der 18. Runde die vierte und fünfte Perle auf und fädeln Sie 9 hellgraue Perlen auf. Für die 19. Runde greifen Sie ebenfalls die vierte und fünfte Perle der Vorrunde auf und fädeln 10 hellgraue Perlen auf. In der 20. Runde werden die dritte und vierte Perle der Vorrunde aufgefasst, fünf Perlen aufgefädelt, dann die siebte und achte Perle desselben Bogens aufgefasst und 9 Perlen aufgefädelt. Legen Sie nun das Perlengeflecht auf die Glocke und stecken Sie dieses jeweils an der fünften Perle des 9er Bogens mit Stecknadeln fest. Die letzten fünf Runden werden mit roten Perlen gearbeitet. In der 21. Runde wird die jeweils mittlere Perle eines Bogens aufgefasst und 5 Perlen aufgefädelt. Greifen Sie für die 22. und 23. Runde die dritte Perle jedes Bogens auf und fädeln Sie 5 Perlen auf den Faden. Bei der 24. Runde wird die dritte Perle aufgefasst und 3 Perlen aufgefädelt, wobei der Faden fest angezogen wird. Für die 25. Runde wird die zweite Perle der Vorrunde aufgegriffen, 3 Perlen aufgefädelt und wieder festgezogen. Vernähen Sie den Faden und binden Sie das Schleifenband an die Glocke.

Perlenglocke

Rot →

Dunkelgrau →

Grau →

Hellrosa →

Silber →

englisch-Verlag

Perlen zauberhaft

S. 31

ENGLISCH VERLAG

Bücher für Kreative

ISBN 3-8241-0792-9
Broschur, 32 Seiten

ISBN 3-8241-0764-3
Broschur, 32 Seiten

ISBN 3-8241-0791-0
Broschur, 64 Seiten

ISBN 3-8241-0826-7
Broschur, 32 Seiten

ISBN 3-8241-0828-3
Broschur, 32 Seiten

Lust auf Mehr?

Liebe Leserin, lieber Leser,
natürlich haben wir noch viele andere Bücher im Programm.
Gerne senden wir Ihnen unser Gesamtverzeichnis zu.
Auch auf Ihre Anregungen und Vorschläge sind wir gespannt.
Rufen Sie uns einfach an oder schreiben Sie uns.

Englisch Verlag GmbH
Postfach 2309 · 65013 Wiesbaden
Telefon 06 11/9 42 72-0 · Telefax 06 11/9 42 72 30
E-Mail englisch@englisch-verlag.de
Internet http://www.englisch-verlag.de